Ina Bartels

Die räumliche Orientierung

Kartenkompetenz: Die Manipulationsmöglichkeiten kartographischer Darstellungen

GRIN Verlag

Impressum:

Copyright © 2008 GRIN Verlag GmbH
Druck und Bindung: Books on Demand GmbH, Norderstedt Germany
ISBN: 978-3-640-14605-5

Leibniz Universität Hannover WS 07/08

Didaktik der Geographie

Leistungsmessung Leistungsbeurteilung

Die Räumliche Orientierung

Kartenkompetenz: Die Manipulationsmöglichkeiten
kartographischer Darstellungen

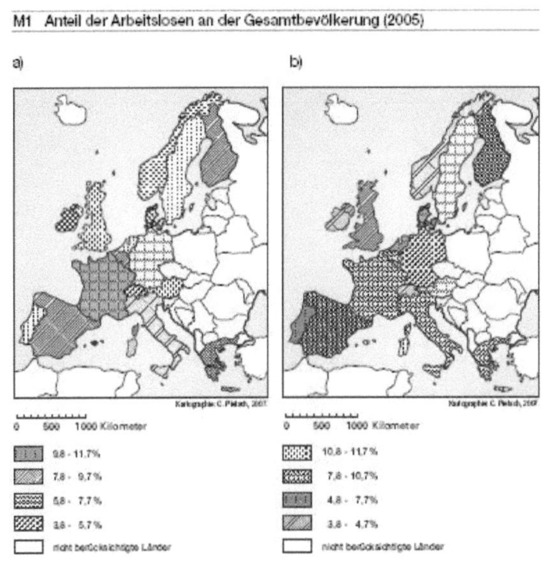

Abbildung 1 aus den Bildungsstandards der Geographie

Bartels, Ina

Fächerübergreifender Bachelor

Semesterzahl: 05

Fächer: Germanistik/Geographie

<u>Inhaltsverzeichnis</u>

<u>1. Einleitung</u>

Welche Kartenkompetenzen brauchen Schüler eigentlich? Das ist die Frage, die nach der Kompetenz-Debatte in aller Munde ist. Müssen Schüler die Karten nur lesen können oder ist es auch wichtig, dass sie diese eigenständig skizzieren und erstellen können, oder müssen sie über diese Kompetenzen hinaus weiter geschult werden? Mit einigen dieser Aspekte befasst sich diese Seminararbeit. Es soll geklärt werden wie diese Kartenkompetenzen in den neuen Bildungsstandards dargestellt werden. Besonderes Augenmerk soll dabei auf die Kartenmanipulationen gelegt werden. Wie können Schüler diese erkennen und wie drücken diese sich überhaupt in einer Karte aus? Im Anschluss daran soll an einem Anwendungsbeispiel gezeigt werden, wie man diese Thematiken in den Unterricht mit einbeziehen kann.

<u>2. Die Räumliche Orientierung in den Bildungsstandards</u>

2.1 Die Fähigkeiten der Räumlichen Orientierung im Überblick

Die Tatsache, dass die Geographie ein Brückenfach der Natur- und Gesellschaftswissenschaften ist, findet sich in den Bildungsstandards in der Weise einer leicht veränderten Kompetenzstruktur wieder. Diese Veränderung drückt sich in einem Alleinstellungsmerkmal aus. Dieses ist im Kompetenzbereich der Räumlichen Orientierung, die sich in keinem anderen Schulfach verankern oder wieder finden lässt. Definiert wird die Räumliche Orientierung durch die „Fähigkeit, sich in Räumen orientieren zu können" (Deutsche Gesellschaft für Geographie 2007:9). Die Ausbildung dieser Fähigkeit kann nur der Geographieunterricht leisten, der die grundlegenden topographischen Fähigkeiten und Kenntnisse beinhaltet und besitzt. Beschränkt wird der Inhalt der räumlichen Orientierung jedoch nicht nur auf basales topographisches Orientierungswissen der unterschiedlichen Maßstabesebenen und Kenntnisse der Orientierungsraster, bzw. Ordnungssysteme. Viel mehr finden sich auch Inhalte, die die Einordnung geographischer Sachverhalte in das räumliche Ordnungssystem, das Erkennen von Lagebeziehungen und die Orientierung mit Hilfsmittel (die Karte) im Raum fördern, wieder. Darüber hinaus kann die Kompetenz der räumlichen Orientierung das Bewusstsein für die Subjektivität der Raumwahrnehmung schärfen und eine Sensibilität für die soziale Konstruiertheit von Räumen und Raumdarstellungen wecken. In der Folge soll nun die Kartenkompetenz, oder auch die Fähigkeit zu einem angemessenen Umgang mit Karten, näher betrachtet werden. (Deutsche Gesellschaft für Geographie 2007:16)

2.2 Die Kartenkompetenz

Die Kartenkompetenz beinhaltet, nach den Bildungsstandards, die Fähigkeit, mit Karten umgehen zu können, da sie eine hohe Relevanz für den Alltag haben (Zurechtfinden im Realraum) und methodische Basisqualifikationen für andere Unterrichtsfächer darstellt. Zu klären gilt nun, was der Begriff *Kartenkompetenz* eigentlich bedeutet und warum er einen begründeten Platz in den Bildungsstandards einnimmt.

Schülerinnen und Schüler sollen, laut Bildungsstandards, die Grundelemente einer Karte zu benennen und deren Entstehungsprozess beschreiben erlernen, sowie die verschiedenen Kartentypen zu lesen und unter einer Fragestellung auswerten zu können. Das Anfertigen von einfachen topographischen Kartenskizzen und das Durchführen von Kartierungen gehören ebenfalls zu den verlangten Kompetenzen. Diese Aspekte finden sich so auch bei Armin Hüttermann (vgl. HÜTTERMANN 2005:6):

-   Fähigkeit zur Auswertung vorhandener Karten
-   Fähigkeit, selbst einfache Karten zu zeichnen
-   Fähigkeit, Karten zu bewerten

Die Bildungsstandards fügen jedoch noch zwei weitere entscheidende Aspekte hinzu. Schülerinnen und Schüler sollen neben den basalen Kartenkompetenzen auch Manipulationen und deren Möglichkeiten erkennen, sowie Möglichkeiten der Anwendung von GIS (Geographische Informationssysteme) beschreiben können. Nachdem die Inhalte der Kompetenz zusammengefasst wurden, stellt sich nun die Frage, ob die Teilfähigkeit der *Räumlichen Orientierung*, die Kartenkompetenz, ihre Berechtigung hat.

Eine erste Begründung für eine Vermittlung von Kartenkompetenzen im Geographieunterricht findet sich darin, dass sich das Handeln und Verhalten nicht an der realen Welt orientiert, sondern an „inneren Modellen". Hierbei wird in der sozialen und verhaltenswissenschaftlichen Betrachtung das „Realmilieu" durch ein „Psychomilieu" ersetzt, wodurch *mental maps* entstehen. Hard gibt dabei zu bedenken, dass dadurch die falsche Annahme entstünde, innere Repräsentationen der Außenwelt würden in kartographischer Art dargestellt werden. Richtig dagegen sei, dass *mental maps* Repräsentationen erdräumliche Anordnungen von Objekten darstellen. Wichtig sei dabei auch, dass die *mental maps* nicht mit der Wirklichkeit übereinstimmen, sondern von der Subjektivität des Betrachters abhängig seien. Dadurch könnten *mental maps* ungenau oder verzerrt sein (vgl. HARD 1988:216-223, zit. nach SCHULTZE 1996:216).

Eine weitere Begründung für die Ausbildung einer Kartenkompetenz gründet sich auf dem hohen Abstraktionsgrad der Karte. Durch ihn wird den Schülern die Verknüpfung der Realität mit dem Karteninhalt erschwert. Die Schüler sollten daher die Fähigkeit erhalten durch die Kartenkompetenz kartographische Grundlagen zu erkennen und benennen zu können. Außerdem sollten sie Gestaltungsmittel und Gestaltungsmethoden von Karten kennen und differenzieren können. Eine wichtige Rolle spielt dabei auch die Tatsache, dass „verschiedene Kartenmittelpunkte verschiedene Weltwahrnehmungen provozieren" können (BRUCKER 2006: 196; In: HAUBRICH 2006: 196). Die dadurch entstehenden „manipulierten" Karten können in der Folge nur dann erkannt und ausgewertet werden, wenn die Schüler über die Kartenkompetenzen verfügen. Eine kleine Differenzierung zu Hard findet sich bei Schallhorn. Er geht davon aus, dass sich im Unterricht die Vermittlung der Kartenkompetenz auf das Lesen von Karten beschränkt (SCHALLHORN 2007:97).

Abschließend kann festgehalten werden, dass die Fähigkeit zu einem angemessenen Umgang mit Karten (Kartenkompetenz) einen wichtigen Bestandteil des Unterrichts darstellt und somit auch ihre Berechtigung in den Bildungsstandards findet.

3. Manipulationsmöglichkeiten kartographischer Darstellungen

Im folgenden Abschnitt sollen nun der Aspekt der Manipulationsmöglichkeiten kartographischer Darstellungen erarbeitet werden.

3.1 Objektive Abbildung der Realität?

Wichtig bei der Analyse der Fragestellung ist, was überhaupt unter dem Begriff Wirklichkeit verstanden wird. Hake geht dabei von einem naturwissenschaftlichen Blickwinkel aus, bei dem die Wirklichkeit alle Gegenstände und Sachverhalte beinhaltet, die durch Wahrnehmung und logische Schlüsse anerkannt werden können. Ein wichtiger Teilaspekt ist dabei die Raumbezogenheit im Rahmen eines anerkannten und überprüften Erkenntnisstandes. In der Folge entsteht dadurch eine Kommunikation mit der Umwelt. Diese verursacht in der Kombination mit der Wahrnehmung die Herausbildung einer räumlichen Vorstellung (Wirklichkeitsvorstellung), die durch die Subjektivität des Einzelnen verzerrt oder verfälscht sein kann. (vgl. HAKE 1981:84)

In diesem Zusammenhang stellt sich nun die Frage, wie und in welcher Weise kartographische Darstellungen überhaupt die Wirklichkeit abbilden können. Carmen Heyden antwortet darauf mit dem provokanten Titel „Karten lügen (nicht)". In ihrem Artikel, über den Versuch die Realität in Karten abzubilden, spricht die Autorin ein sensibles Thema an. Karten sind ein fester Bestandteil des Geographieunterrichts, bei denen die kritische Beleuchtung und intensive Beschäftigung meistens ausbleibt. Oft folgt nur eine kurze Einführung in das Kartenlesen, was jedoch noch lang nicht bedeutet, dass auch jeder Schüler die durch die Karte vermittelten

Inhalte versteht. Notwendig ist dieses Hinterfragen der Karteninhalte jedoch allemal, da Karten „nie ein objektives Abbild der Wirklichkeit sein" (HEYDEN 2005:20) können und müssen. Diese Aussage wird unterstützt durch Klopstock, der darauf hinweist, dass es unmöglich ist die Wirklichkeit mit einer Karte abzubilden. Jeder Versuch den Erball auf eine Ebenefläche abzubilden führt zu einer Deformierung des Erdballs und somit zu einer Verzerrung. (vgl. KOHLSTOCK 2004:24). Teilweise ist es sogar notwendig „Sachverhalte" zu „verschweigen, verzerren oder übertreiben." (HEYDEN 2005:20). Der Schüler bekommt somit die Realität anhand von Karten durch einen „subjektiven Filter" (s.o.) präsentiert und soll so zu der Einsicht gelangen, „dass eine Karte die Wirklichkeit verkleinert, vereinfacht" (SCHALLHORN 2007:99) und „in bestimmter Auswahl und je nach Maßstab unterschiedlich verzerrt" (s.o.) wiedergegeben werden kann. Daraus ergibt sich, dass die Filterung unabdingbar ist. Geographische Karten wären ohne eine Generalisierung nutzlos, d.h., dass Karten, um einem didaktischen oder außerschulischen Zweck zu dienen, immer generalisiert sein müssen. „Der Wert einer Karte hängt […] davon ab, wie gut ihre geometrischen und inhaltlichen Generalisierungen einen ausgesuchten Aspekt der Realität widerspiegeln" (MONMONIER 1996:44). Die Generalisierung beinhaltet dabei nach Kohlstock „die inhaltliche Vereinfachung durch Trennung des Wesentlichen vom Unwesentlichen" (KOHLSTOCK 2004:81). Hale geht sogar noch weiter und spricht bei der Funktion der Karte nicht mehr von einem Abbild, sondern vielmehr von einem Modellcharakter. Diese Bezeichnung legitimiert die Generalisierung der Wirklichkeit ein weiteres Mal.

Die Generalisierung muss folglich Gegenstand des Unterrichts sein, damit zwischen dem Schüler und der Karte eine symmetrische Kommunikation entstehen kann. Geschieht dies nicht, kann der Schüler die Inhalte der Karte, und somit die manipulierten Inhalte nicht erkennen, weiterverarbeiten und beurteilen. Dies liegt auch daran, dass die Karte „ein Träger einer begrenzten Menge von primär Informationen (Zeichen)" ist (HÜTTERMANN 1975:152).

Die Aufgabe des Geographieunterrichts muss daher die Auseinandersetzung und Interpretation manipulierter Karten sein, damit die Schüler eine umfassende Kartenkompetenz erhalten.

3.2 Aspekte der Kartendarstellung oder Kartenwahl

Die Aspekte der kartographischen Darstellung und Kartenauswahl lassen sich beispielhaft, jedoch nicht unkritisch, anhand der Peters-Projektion darstellen. Arno Peters Veröffentlichung löste eine nie da gewesene Kontroverse zwischen den einzelnen Stellvertretern kartographischer Projektionen aus. Ihren Ansatz findet die Peters-Projektion in der Wahl der Weltdarstellung. Peter kritisierte, dass die Wahrnehmung und das internationale Verständnis der Welt durch die Mercatorprojektion, welche die nördlichen Regionen stark vergrößert, verzerrt würden. Peters Begründung für die Änderung der Weltdarstellung findet sich in der Tatsache, dass die Mercatorprojektion die Antarktis ausschließt. Dies habe zur Folge, dass die Gefahren der Eisschmelze in der Antarktis verdrängt würden. Als Lösung gab Peter die flächentreuen Karten an, die auf Grund ihrer Genauigkeit und Fairness der Darstellung geeigneter wären. Viele Kritiker weisen noch heute die Botschaft Peters zurück. Dabei wäre es wichtig seine Grundbotschaft, dass Karten interessant sind und dementsprechend auch flächentreu darge-stellt werden sollen, zu berücksichtigen. Denn die Kritik beider Seiten löst nicht das allgemei-ne Problem der Kartendarstellungen: „Keine ist perfekt, keine von ihnen kann perfekt sein." (WRIGHT 2004:45). Entscheidend bei allen Kartendarstellungen ist der Grund, dass wenn die Landformen richtig dargestellt sind, ihre Größe nicht mehr korrekt ist, und umgekehrt. Diese Tatsache wird von Wright als Schlüsselproblem der kartographischen Darstellungen bezeich-net. Als eine Lösung sieht er den Globus. Ein weiterer Lösungsansatz sind mehrpolige Welt-karten. Die Verwendung dieser Karten beschreibt Wright wie das Schälen einer Orange. Durch das Aufschneiden des Globus in den Ozeanen, gelingt es, Größe und Landform dem realen Zustand näher zu bringen. Gleichzeitig spricht Wright in der Folge verschiedene As-pekte an, die, aus der Sicht der Kritiker, gegen die mehrpoligen Kartendarstellungen sprechen könnten und widerlegt sie sofort. Die wichtigsten Aspekte sind dabei die Fragen nach der Verfügbarkeit, Fremdheit der Darstellung, Schnittkantenprobleme, Probleme bei der Messung von Entfernungen, Benachteiligung der Ozeane, sowie immer noch vorhandenen Verzerrun-gen und die „Eurozentriertheit". Die Frage nach der Verfügbarkeit beantwortet Wright, indem er darauf verweist, dass diese Kartendarstellungen nur auf Grund mangelnder Nachfrage sel-ten anzutreffen seien. Bei der Fremdheit geht er einmal auf den Aspekt der Unbekanntheit ein, gegen den er das Interesse anführt und die mögliche Verwirrung, die diese Darstellungsform auf die Kinder haben könnte. Letzteres verneint er strikt, indem er darauf hinweist, dass, wenn die Schüler mit dem Globus beginnen, diese Verwirrung erst gar nicht einsetzten würde. Dies ist sicherlich richtig, es sollte aber im Hinterkopf behalten werden, dass die Schüler auch ma-nipulierte Karten erkennen sollen, bzw. die Vor- und Nachteile verschiedener Kartendarstel-lungen und Generalisierungsgraden. Das Problem der Schnittkanten sieht Wright als Chance, die eben angesprochene Tatsache zu verwirklichen. Weltkarten sollten nicht nur benutzt, son-dern auch verstanden werden. Der Verstehensprozess beinhaltet dabei die symmetrische Kommunikation mit der Karte (vgl. 3.1). Die Behauptung, dass das Messen großer Entfer-nungen mit dieser Projektion nicht möglich sei, unterstützt er, symbolisiert jedoch im gleichen Satz die Potenziale dieser Tatsache und beruft sich schließlich wieder auf den Globus, der seiner Meinung nach, die genauste Darstellung sei. Auch beim Gegenargument, Japan sei verzerrt, gibt er sofort einen Lösungsansatz an. Ein weiterer Schnitt durch Sibirien löse dieses Problem nahezu. Beim Problem der Ozeanbenachteiligung weist Wright darauf hin, das dies nicht nur eine Nachteil der mehrpoligen Darstellung sei, sondern, dass dieses Problem in fast allen Karten, die einen ununterbrochenen Pazifik darstellen, zu finden ist (Vgl. WRIGHT 2004:46f).

Eine andere Annäherung an die Frage der Kartendarstellung findet sich bei Schallhorn. Die Erkenntnis, dass „Zeichen, Farben und Texturen auf einer Karte nicht zufällig" (SCHALL-HORN 2007:99) sind, gilt es bei den Schülern zu erreichen. Ein Lernziel ist daher, den Schülern das Lesen der Legende, und vor allem auch der Karten, näher zu bringen. Ohne diese Fähigkeit, kann kein Schüler entscheiden, was in der Karte abstrakt dargestellt ist und wie sich die Inhalte ausdrücken. Es geht dabei besonders um das Bewusstmachen der Farben, oh-ne die natürliche Elemente wie Wald oder Gebirge nicht identifiziert werden können. Doch die Farbwahl vermag noch mehr. Durch eine bedachte Farbwahl kann der Inhalt einer Karte in den Vordergrund gerückt werden. Unterstützend wirken dabei zusätzlich auffällige Signaturen und Veränderungen der Größenverhältnisse. Schallhorn kommt in diesem Fall zu folgendem Fazit: „Wenn eine thematische Karte so eingefärbt ist, dass die inhaltlichen weniger in Er-scheinenden Aussagen farblich in den Vordergrund gerückt wird, dann ist die Kartenaussage verfälscht" (SCHALLHORN 2007:100). Weiteren Klärungsbedarf sieht er bei den Zahlendar-stellungen in thematischen Karten. Die dort dargestellten Überhöhungen werden von den Schülern nicht bewusst verarbeitet. Ein weiteres Problem sieht er in den Maßstabsdarstellun-gen. Kaum ein Schüler ist in der Lage anhand eines Maßstabes reale Bezüge herzustellen. Ein Vergleich von Maßstäben und alltäglichen Strecken und Entfernungen kann dieses Problem lösen. (SCHALLHORN 2007:100ff)

Hilfestellungen und Ansätze zur Problemlösung finden sich ansatzweise im folgenden An-wendungsbeispiel.

4. Ein Anwendungsbeispiel für den Unterricht

Das Anwendungsbeispiel für das Thema „Erkennen von kartographischen Manipulationen" soll in eine Unterrichtseinheit integriert sein. Ein Beispiel hierfür findet sich in der Oberstufe (Leistungskurs). Vorrangig geht es in der Unterrichtseinheit um das Thema Bevölkerungs-entwicklung und Nachhaltigkeit der Ressourcen. Diese Unterrichtseinheit umfasst nach den Vorgaben des Kultusministeriums folgende Themenschwerpunkte:

- Das bisherige Wachstum und die räumliche Verteilung der Weltbevölkerung
- Unterschiedliches generatives Verhalten in Nord und Süd (ökonomische und soziokulturelle Faktoren, Familienplanung, Rolle der Frau)
- Prognosen zur Entwicklung der Weltbevölkerung
- Die Endlichkeit der Ressourcen und ihre Auswirkungen auf die Entwicklung der Lebensbedingungen
- Ressource Boden: Tragfähigkeit der Erde
- Ressource Wasser: Entwicklungsfaktor und Konfliktpotenzial
- Ressource Energie: Erdöl als Wirtschaftsfaktor

Das Anwendungsbeispiel kann in verschiedene Schwerpunkte integriert werden, es bietet sich jedoch auf Grund des Themas dieser Arbeit der erste Schwerpunkt (s.o.) besonders an.

Die Schüler bekommen zwei identische Weltkartendarstellungen, die sie entweder manuell oder digital bearbeiten, auswerten und mit verschiedenen ergänzenden Materialen vergleichen sollen. Ziel dieses Anwendungsbeispiel ist es, die Bildungsstandards mit dem aktuellen Lehrplan zu verknüpfen. Aus diesem Grund sind nicht alle Materialen zur Manipulation von kartographischen Darstellungen zusammengestellt, sondern können auch andere Kompetenzbereiche berühren. Alle Materialen sind extra für dieses Beispiel ausgewählt oder erstellt worden. Wichtig ist dabei, dass alle Zahlen aktuell sind und die Artikel aus fundierten Quellen stammen (siehe Angaben). Einzelne Fragestellungen wurden bewusst offen gelassen, um den Schülern Raum zur Eigenständigkeit zu gewährleisten. Raumbeispiele (Indien, Europa) sind bewusst ausgewählt, um einen Bezug zur Umwelt und gleichzeitig den Vergleich zu einer anderen Region herzustellen. Zu Aufgabe 1) können weitere Materialien der Atlas oder andere Weltkartendarstellungen sein.

Bevölkerungsentwicklung – Zunahme der Weltbevölkerung?

Situations- bzw. Problembeschreibung:

Seit dem Ende des 2. Weltkriegs findet in den Entwicklungsländern ein noch nie da gewesenes Bevölkerungswachstum statt. Die Gründe für dieses explosive Bevölkerungswachstum (Bevölkerungsexplosion) liegen vor allem in dem erheblichen Absinken der Sterberate. Bis Mitte des 20. Jahrhunderts war in den Entwicklungsländern die Geburtenrate (GR) zwar hoch, es kam aber nur zu einem geringen Bevölkerungswachstum, da die Sterberate (SR) sich noch auf hohem Niveau bewegte und die Wachstumsrate somit gering blieb. (Quelle: Diercke Geographie, S. 350)

Aufgaben:

1. a)   Erstellen[1] Sie mit Hilfe von M1 und M2 zwei Darstellungen des Bevölkerungswachstums für 2007, indem Sie folgende Farb- und Einteilungsvorgaben berücksichtigen:

- füllen Sie in der ersten Darstellung die Wachstumsraten von
  - o   -0,5 bis 0 Rot
  - o   0 bis 1 mit Orange
  - o   1 bis 2 mit Gelb
  - o   und über 2 mit Hellbraun aus
- In der zweiten Darstellung tauschen sie bitte die Farben gegeneinander aus, d.h.
  - o   -0,5 bis 0 mit Hellbraun
  - o   0 bis 1 mit Gelb
  - o   1 bis 2 mit Orange
  - o   und über 2 mit Rot

   b)   Vergleichen Sie die beiden Darstellungen. Benennen sie Unterschiede und Gemeinsamkeiten. Greifen sie dabei den Begriff der Generalisierung und Manipulation auf.

2.   Nennen sie die Gründe des geringeren Wachstums in Europa im Gegensatz zu Indien (M3, M4).

3.   Begründen und beschreiben sie die Folgen des geringeren Bevölkerungswachstums in den Industrieländern und des starken Bevölkerungswachstums in den Entwicklungsländern und erläutern sie mithilfe der Materialen den Altersstruktureffekt (M3-M5).

---

[1] Offene Aufgabenstellung; Aufgabe kann manuell oder mit dem PC bearbeitet werden.

Materialien:

M1: Demographische Daten und Einschätzungen für die Staaten und Länder der Welt

(Quelle: Population Reference Bureau: World population data sheet 2007)

Staat		Bevölkerung in Mio.	Geburtenrate pro 1000	Sterberate pro 1000	Wachstumsrate in %
Afrika					
	Nordafrika[2]	195	26	7	1,9
	Westafrika[3]	283	42	15	2,7
	Ostafrika[4]	294	41	15	2,5
	Zentralafrika[5]	118	46	18	2,8
	Südafrika[6]	55	24	16	0,8
Amerika					
	Nordamerika[7]	335	14	8	0,6
	Karibik	40	19	8	1,1
	Zentralamerika[8]	148	21	6	1,5
	Südamerika[9]	381	21	6	1,5
Asien					
	Westasien[10]	223	26	6	2
	Zentral-Südasien[11]	1662	25	8	1,7
	Südostasien[12]	574	21	7	1,4
	Ostasien[13]	1550	12	7	0,5
Europa					
	Nordeuropa[14]	98	12	10	0,2
	Westeuropa[15]	187	10	9	0,1
	Osteuropa[16]	295	10	14	-0,4
	Südeuropa[17]	153	10	9	0,1
Ozeanien	[18]	35	18	7	1

---

[2] Algerien, Ägypten, Lybien, Marokko, Sudan, Tunesien, West Sahara

[3] Benin, Burkina Faso, Cape Verde, Cote de Ivoire, Gambia, Ghana, Guinea, Guinea-Bissau, Liberia, Mail, Mauretanien, Niger, Nigeria, Senegal, Sierra Leone, Togo

[4] Burundi, Dschibuti, Eritrea, Äthopien, Kenia, Madagaskar, Malawi, Mosambik, Ruanda, Somalia, Tansania, Uganda, Sambia, Simbabwe

[5] Angola, Kamerun, Zentralafrikanische Republik, Kongo, D.R. Kongo, Äquatorialguinea, Gabun

[6] Botswana, Lesotho, Namibia, Südafrika

[7] Kanada, USA

[8] Belize, Costa Rica, El Salvador, Guatemala, Honduras, Mexiko, Nicaragua, Panama

[9] Argentinien, Bolivien, Brasilien, Chile, Kolumbien, Ecuador, Franz. Guyana, Guyana, Paraguay, Suriname, Uruguay, Venezuela

[10] Armenien, Aserbaidschan, Zypern, Georgien, Irak, Israel, Jordanien, Kuwait, Libanon, Oman, Katar, Saudi Arabien, Syrien, Türkei, Vereinigten Arabischen Emirate, Jemen

[11] Afghanistan, Bangladesch, Bhutan, Indien, Iran, Kasachstan, Kirgisistan, Nepal, Pakistan, Sri Lanka, Tadschikistan, Turkmenistan, Usbekistan

[12] Brunei, Kambodscha, Ost-Timor, Indonesien, Laos, Malaysia, Philippinen, Myanmar, Singapur, Thailand, Vietnam

[13] China, Japan, Nordkorea, Südkorea, Mongolei, Taiwan

[14] Dänemark, Estland, Finnland, Island, Irland, Lettland, Litauen, Norwegen, Schweden, Großbritannien

[15] Österreich, Belgien, Frankreich, Deutschland, Niederlande, Schweiz

[16] Bulgarien, Tschechische Republik, Ungarn, Moldawien, Polen, Rumänien, Russland, Slowakei, Ukraine

[17] Albanien, Bosnien-Herzogowina, Kroatien, Griechenland, Italien, Mazedonien, Montenegro, Portugal, Serbien, Slowenien, Spanien

[18] Australien, Neuseeland, Papua-Neuguinea,

M2: Vorlage – Erde und Staaten (Quelle, verändert nach: http://www.diercke.de/materialsuche.xtp)

a)

Erde - Staaten

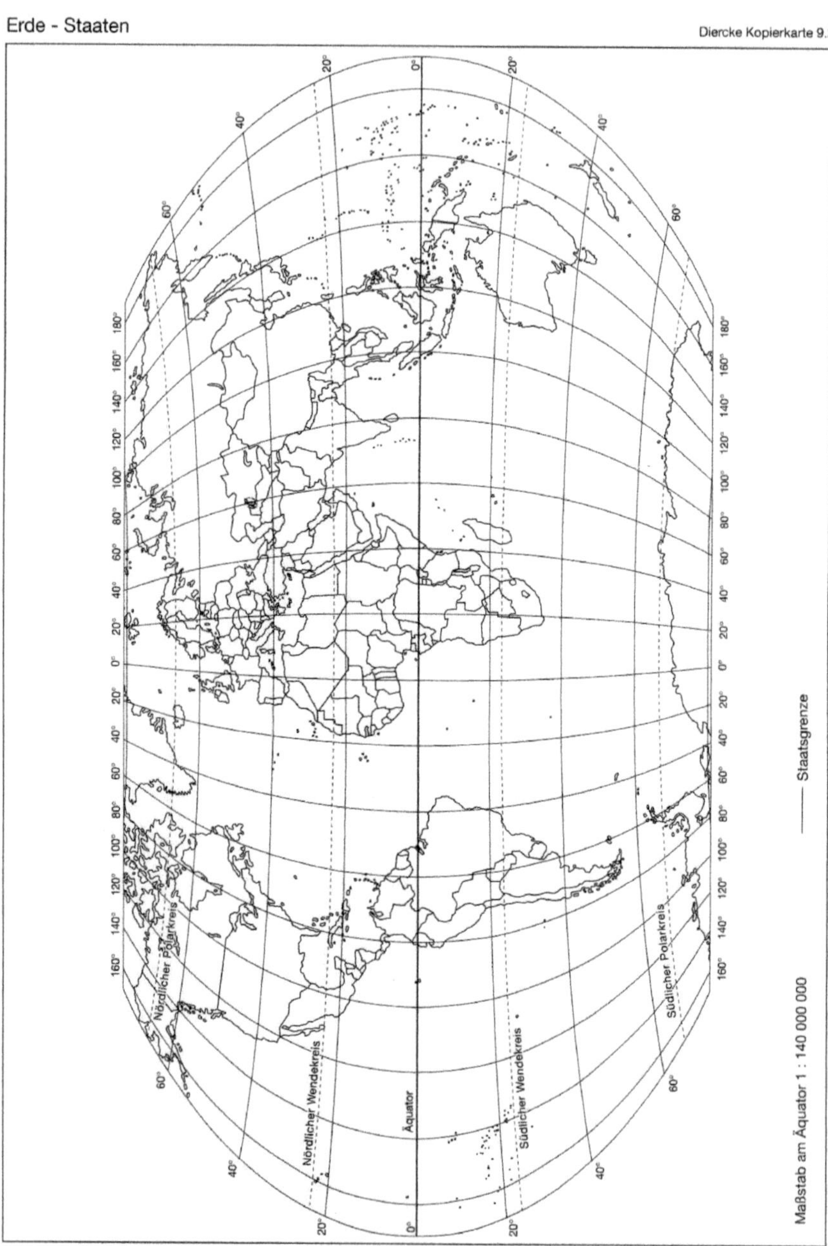

b)

Erde - Staaten

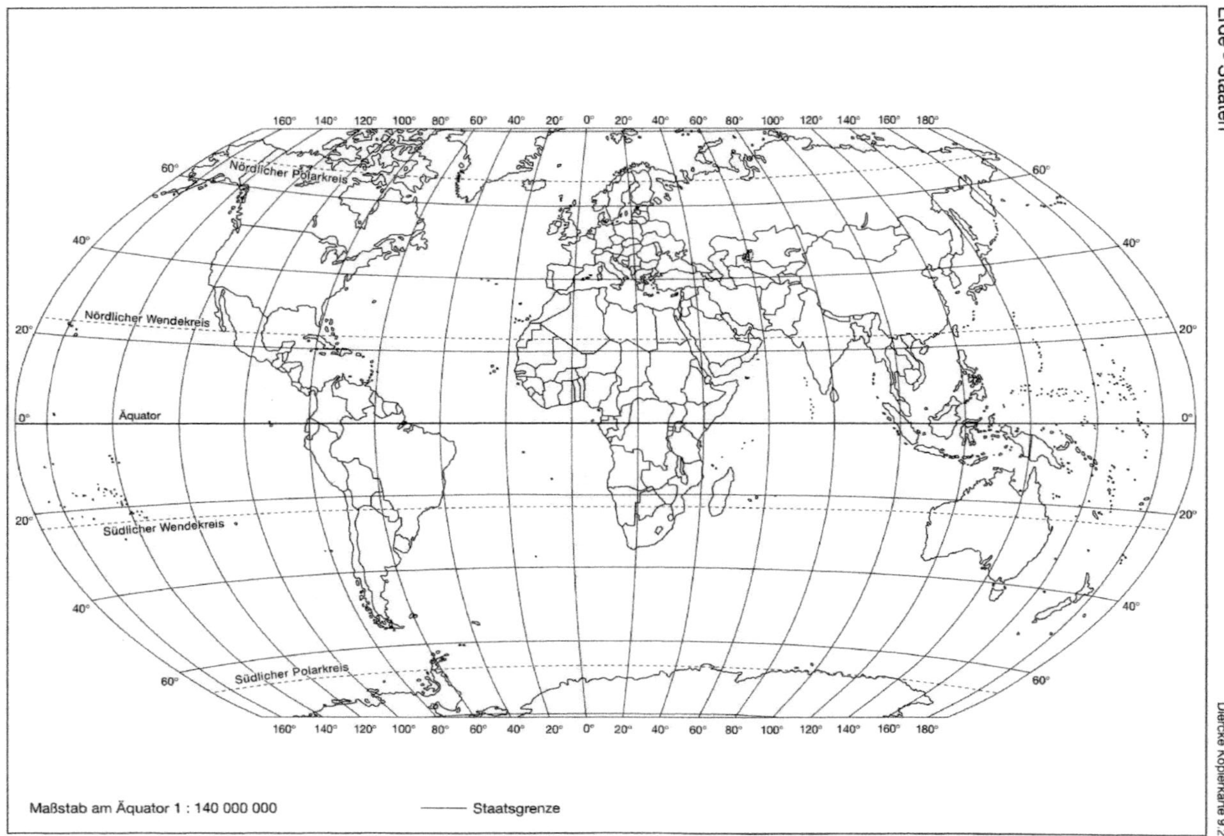

M3: Vergleich des Wachstums in Europa und Indien

(Quelle: Population Reference Bureau: World population data sheet 2007)

Land	Bevölkerung in Mio.	Geburtenrate pro 1000	Sterberate pro 1000	Wachstumsrate in %
Indien	1131	24	8	1,6
Europa	733	10	11	-0,1

M4: Gründe für den Geburtenrückgang

(Quelle:http://www.schader-stiftung.de/gesellschaft_wandel/416.php)

Gründe für den Geburtenrückgang
Auszug: Schäfers, Bernhard 2002: Sozialstruktur und sozialer Wandel in Deutschland, 7. Auflage, Stuttgart: Lucius & Lucius, S. 108ff.

"Gerhard Mackenroth (1953) hatte in seiner sozial-historischen Betrachtungsweise die vorherrschende **Bevölkerungsweise** und damit das generative Verhalten im Wesentlichen auf fünf Faktoren zurückgeführt:

- das physische Können (Zeugungs- und Gebärfähigkeit);
- die sozialen Schranken (Vorstellungen in der Gesellschaft über die wünschenswerte Kinderzahl, eheliche und außereheliche Mutterschaft etc.);
- die materielle Situation (so ist eindeutig, dass Wirtschaftskrisen zum Absinken der Kinderzahl führen, ohne dass die Zahl der Eheschließungen gleichzeitig abnimmt; aber auch das Einkommen ist - im sozialstatistischen Durchschnitt - von Einfluss auf die Kinderzahl);
- das persönliche Wollen (Geschlechtsverkehr, Zeugung, Anzahl der Kinder, Geburtenhilfe als Momente der Willens- und Entscheidungsfreiheit des Menschen);
- den sozialen Wandel ("Restgröße", die alles das zu erklären hat, was mit den übrigen Faktoren nicht aufgehellt werden kann, daher relativ unspezifisch ist).

M5: Der Altersstruktureffekt macht sich weltweit bemerkbar

(Quelle: Population Reference Bureau: World population data sheet 2007)

M6: Daten zur Altersstruktur 2007 und die geschätzte Entwicklung bis 2050

(Quelle: Population Reference Bureau: World population data sheet 2007)

	Percent of Persons Ages 65 and Older		
	2007	2025	2050
WORLD	7	10	16
Industrialized Countries	16	21	26
Developing Countries	6	9	15
Europe	16	21	28
North America	12	18	21
Oceania	10	15	19
Latin America & Caribbean	6	10	19
Asia	6	10	18
Africa	3	4	7

SOURCES: C. Haub, 2007 World Population Data Sheet, and United Nations Population Division.

M7: Folgen des Bevölkerungswachstums

Während sich der demographische Übergang in den Industrieländern über mehrere Generationen erstreckte, und diese damit Zeit hatten, sich den veränderten Gegebenheiten anzupassen, stehen die Entwicklungsländer durch das schnelle Absinken der Sterberate und das daraus resultierende explosive Wachstum vor enormen Herausforderungen:

Für Millionen von Jugendlichen müssen zunächst Bildungs- und Ausbildungsplätze geschaffen werden und dann schließlich Arbeitsplätze. Bis zum Jahr 2050 wir die Zahl der Erwerbsfähigen in den Entwicklungsländern jährlich um 35 bis 40 Millionen steigen. In den 1980er-Jahren kamen in Afrika südlich der Sahara jährlich etwa acht Millionen Jugendliche in das erwerbsfähige Alter, heute sind es doppelt so viele (wobei in den von Aids betroffenen Ländern diese Zahlen zurzeit stark zurückgehen). Zum Vergleich: In Deutschland pendelt die Zahl der Arbeitslosen seit Jahren um vier bis fünf Millionen. Trotz enormen Einsatzes von Fördermitteln (zum Beispiel Programm „Aufbau Ost") gelingt es nicht, die Zahl deutlich zu senken. (Quelle: Diercke Geographie, S.353.)

Nr.	Erwartete Schülerleistung	AFB	F	O	M	K	B	H
						Standards		
1	a) Transfer der Daten aus der Tabelle mit den vorgegebenen Farbpaletten in die Karte b) Unterschiede: Länder mit starkem Wachstum oder negativem Wachstum treten durch die unterschiedliche Farbwahl hervor; Generalisierung und Manipulation können in Karten die Aspekte hervorheben, die der Kartograph in den Vordergrund gerückt haben möchte. Die Weltanschauung kann dadurch beeinflusst werden.	II	10 13 16 21 22 23 24	1 3 6 7 16	4 6 7 8	1 2	2	5
2	Es sterben in Europa mehr Menschen pro 1000 in Europa als geboren werden (10/11); In China werden mehr Menschen pro 1000 geboren als sterben (12/7); • das physische Können (Zeugungs- und Gebärfähigkeit); • die sozialen Schranken (Vorstellungen in der Gesellschaft über die wünschenswerte Kinderzahl, eheliche und außereheliche Mutterschaft etc.); • die materielle Situation (so ist eindeutig, dass Wirtschaftskrisen zum Absinken der Kinderzahl führen, ohne dass die Zahl der Eheschließungen gleichzeitig abnimmt; aber auch das Einkommen ist - im sozialstatistischen Durchschnitt - von Einfluss auf die Kinderzahl); • das persönliche Wollen (Geschlechtsverkehr, Zeugung, Anzahl der Kinder, Geburtenhilfe als Momente der Willens- und Entscheidungsfreiheit des Menschen); • den sozialen Wandel ("Restgröße", die alles das zu erklären hat, was mit den übrigen Faktoren nicht aufgehellt werden kann, daher relativ unspezifisch ist).	I	21 24 25	2	2 4 6 9	1 2	7	
3	Mögliche Antworten: Überalterung der Bevölkerung in den Industrieländern, Arbeitsplatzmangel in den Entwicklungsländern aufgrund der potenziellen Arbeitnehmer, zunehmender Raummangel in den Staaten mit starkem Bevölkerungswachstum, steigende Armut durch Unterversorgung (Arbeitsplatzmangel), mögliche Migrationsbewegungen in Länder mit einem "Überangebot" von Arbeitstellen. Altersstruktur: altersmäßige Zusammensetzung der Bevölkerung eines bestimmten Raums oder Landes. Der Altersstruktureffekt beschreibt dabei folgende Tatasche: Da die Bevölkerung der Entwicklungsländer eine junge Altersstruktur aufweist, kommt die größte Jugendgeneration erst noch ins Elternalter. Selbst wenn jede dieser jungen Frauen nur zwei Kinder bekommt, wird sich das Bevölkerungswachstum die nächsten Jahrzehnte weiter fortsetzen.	I II III	10 13 14 15 16 22 23 24 25	1 2 6 7 15 16	2 4 6 7 8 11	1 2	2 3 4 7 8	5 11

Literaturverzeichnis

Bildungsstandards im Fach Geographie für den Mittleren Schulabschluss. Mit Aufgabenbei-spielen. 4. Erweiterte und durchgesehene Auflage. Deutsche Gesellschaft für Geographie 2007.

BRUCKER, A 2006: Klassische Medien kreativ nutzen. (Hrsg.) Haubrich, Hartwig 2006. München: Oldenbourg. S.173-206.

HAKE, G 1974: Kartographische Ausdrucksformen und Wirklichkeit. In: Hüttermann, Armin 1981: Probleme der geographischen Kartenauswertung. Darmstadt: Wissenschaftliche Buch-gesellschaft. S.84-101.

HARD, G. 1988: Umweltwahrnehmung und „mental maps" im Geographieunterricht. In: 40 Texte zur Didaktik der Geographie. (Hrsg.) Schultze, Arnold. 1996. Erfurt: Klett. S.216-223.

HAUB, C 2007: World population data sheet 2007. Pupulation Reference Bureau (PRB). Washington: PRB.

HEYDEN, C. 2005: Karten lügen (nicht). Wie objektiv könne Karten die Realität abbilden? In: Praxis Geographie 11/2005. S.20-21.

HÜTTERMANN, A. 2005: Kartenkompetenz. Was sollen Schüler können? In: Praxis Geo-graphie 11/2005. S.4-8.

HÜTTERMANN, A. 1998: Kartenlesen – (k)eine Kunst. Einführung in die Didaktik der Schulkartographie. München: Oldenbourg.

HÜTTERMANN, A. 1975: Die Geographische Karteninterpretation. (Hrsg.) Hüttermann, Armin 1981: Probleme der geographischen Kartenauswertung. Darmstadt: Wissenschaftliche Buchgesellschaft. S.150-161.

KOHLSTOCK, P. 2004: Kartographie. Eine Einführung. Paderborn: Schöningh.

LATZ, W 2007 (Hrsg.): Diercke Geographie. Braunschweig: Westermann Schroedel Diesterweg u.a..

MONMONIER, M 1996: Eins zu einer Millionen. Die Tricks und Lügen der Kartographen. Basel: Birkhäuser.

SCHALLHORN, E. 2007: Erdkunde Methodik. Handbuch für die Sekundarstufe I und II. Berlin: Cornelsen Scriptor.

WRIGHT, D.R. 2004: Aspekte der Weltkartenwahl. In: Praxis Geographie 11/2004. S.44-47.

Internetquellen:

http://www.schader-stiftung.de/gesellschaft_wandel/416.php , Abruf: 30.01.08 Zeit: 16:15.

http://www.diercke.de/materialsuche.xtp , Abruf: 30.01.08 Zeit: 17:45.